BEI GRIN MACHT SICH IHR WISSEN BEZAHLT

- Wir veröffentlichen Ihre Hausarbeit, Bachelor- und Masterarbeit

- Ihr eigenes eBook und Buch - weltweit in allen wichtigen Shops

- Verdienen Sie an jedem Verkauf

Jetzt bei www.GRIN.com hochladen und kostenlos publizieren

Julian Vehlies

Die Physik von Sportarten

Videoanalyse von Ballflugkurven

GRIN Verlag

Bibliografische Information der Deutschen Nationalbibliothek:

Die Deutsche Bibliothek verzeichnet diese Publikation in der Deutschen National-
bibliografie; detaillierte bibliografische Daten sind im Internet über http://dnb.d-
nb.de/ abrufbar.

Impressum:

Copyright © 2012 GRIN Verlag GmbH
Druck und Bindung: Books on Demand GmbH, Norderstedt Germany
ISBN: 978-3-656-36714-7

Dieses Buch bei GRIN:

http://www.grin.com/de/e-book/207400/die-physik-von-sportarten

GRIN - Your knowledge has value

Der GRIN Verlag publiziert seit 1998 wissenschaftliche Arbeiten von Studenten, Hochschullehrern und anderen Akademikern als eBook und gedrucktes Buch. Die Verlagswebsite www.grin.com ist die ideale Plattform zur Veröffentlichung von Hausarbeiten, Abschlussarbeiten, wissenschaftlichen Aufsätzen, Dissertationen und Fachbüchern.

Besuchen Sie uns im Internet:

http://www.grin.com/

http://www.facebook.com/grincom

http://www.twitter.com/grin_com

Elsa-Brändström-Schule

Seminarfach Physik

Facharbeit

Julian Vehlies

im März 2011

Die Physik von Sportarten

Videoanalyse von Ballflugkurven

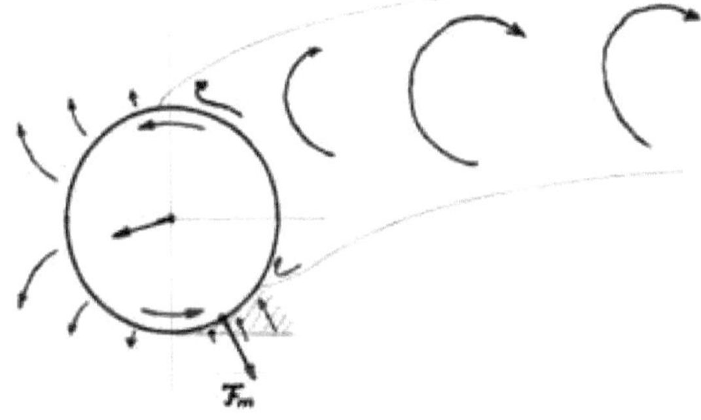

Inhaltsverzeichnis

1. Einleitung 2

    1.1 Allgemeine Einleitung 2

    1.2 Einführung in die Physik von Ballflugkurven 2

2. Videoanalyse... 3

    2.1 Aufbau / Beschreibung des Videos.................................... 3

    2.2 Beschreibung der Auswertung mittels der Videoanalyse–Software

    4

    2.3 Ergebnisse / Diagramme 5

    2.4 Vergleich der Diagramme und Tabellen 9

    2.5. Messungenauigkeiten 10

3. Theoretische Betrachtung der Ballflugkurve...................................... 12

4. Fazit.. 16

Quellenverzeichnis.. 17

Anhang... 19

    Rotationsrichtung 1 19

    Rotationsrichtung 2 22

    Rotationsrichtung 3 25

1. Einleitung

1.1 Allgemeine Einleitung

Das Thema dieser Facharbeit lautet recht allgemein gefasst „Die Physik von Sportarten". Ich habe mich dazu entschieden, eine spezielle Sportart zu betrachten, nämlich Tischtennis. Dazu habe ich drei kurze Videosequenzen aufgenommen, in denen jeweils ein Ball von einer Ballmaschine auf die andere Tischhälfte geschossen wird. Um die dokumentierten Bewegungsabläufe später vergleichen zu können, habe ich die Rotationsart des Balles verändert. Die drei Videosequenzen werde ich mittels der Software „Coach6 MV" analysieren. Anschließend werde ich die auf praktische Art und Weise erworbenen Daten vor den theoretischen Hintergrund beleuchten und Vergleiche zu anderen Sportarten aufzeigen.

Ich habe mich für dieses Thema entschieden, weil ich es nicht nur interessant finde, einmal etwas über mein Hobby Tischtennis in der theoretischen Physik zu erfahren, sondern auch der Meinung bin, dass solche Flugkurven im allgemeinen Leben öfter vorkommen und es nützlich ist, sich diese Phänomene auch erklären zu können.

1.2 Einführung in die Physik von Ballflugkurven

In dieser Facharbeit werde ich mich mit den Ballflugkurven auseinandersetzen, aber nicht mit deren Entstehung. Das heißt, dass ich die Physik erst ab dem Zeitpunkt betrachte, wenn der Ball in der Luft ist. Dies liegt zum einen daran, dass die Facharbeit auf praktischen Versuchen beruhen soll. Eine Videoanalyse der Flugkurvenentstehung ist wohl nicht möglich, sondern nur eine rein theoretische Erklärung. Außerdem habe ich zur Erzeugung von Ballflugkurven eine Ballmaschine verwendet. Würde ich Spieler beim Spielen filmen, käme es zu deutlichen Unregelmäßigkeiten und ich würde z. B. Rotationsarten nicht richtig vergleichen können.

Außerdem ist meiner Ansicht nach die physikalische Betrachtung der Ballmaschine in diesem Themenzusammenhang weniger sinnvoll.

2. Videoanalyse

Der Einfachheit halber werde ich auf den folgenden Seiten die Begriffe „Rotationsrichtung 1, 2 bzw. 3" verwenden. Dabei bedeutet „Rotationsrichtung 1" eine Rotation des Balles, die entgegengesetzt zur Flugrichtung gerichtet ist. „Rotationsrichtung 2 bzw. 3" haben dieselbe Rotationsrichtung, nämlich in gleicher Richtung zur Bewegungsrichtung des Balles. Allerdings rotiert der Ball mit „Rotationsrichtung 3" dabei deutlich schneller, es handelt sich dabei also um eine gleiche Rotation, jedoch in stärkerer Ausführung.

2.1 Aufbau / Beschreibung des Videos

Für diese Facharbeit habe ich drei kurze Videosequenzen gedreht, die eine typische Flugkurve eines Tischtennisballes zeigen. Um ständige Mess-ungenauigkeiten zu vermeiden und die Ergebnisse zu präzisieren, habe ich eine Ballmaschine benutzt. Diese kann die Bälle in drei verschiedenen Rotationseinstellungen schießen: entweder mit Rückwärtsrotation oder mit Vorwärtsrotation bzw. mit noch stärkerer Vorwärtsrotation. Da die Maschine sehr einfach konstruiert ist und sich die Geschwindigkeit nur durch einen Drehknopf regulieren lässt, kann man der Maschine keinen genauen Wert entnehmen, mit der die Bälle aus dieser herausgeschossen werden. Um einen angemessen Vergleich der drei Rotationseinstellungen durchführen zu können, habe ich jeweils die höchst mögliche Geschwindigkeit eingestellt.

Das Video wurde von einer Kamera aus gedreht, die auf einem Stativ befestigt war. Trotzdem kann die Perspektive leicht verzerren, so dass folgendes Bild die tatsächlichen Maße darstellt.

Der Wert für l, also der Länge einer Tischhälfte erfolgt aus der Gesamtlänge von 2,74 Metern. Der Wert h beschreibt den Abstand der Tischoberfläche zum Boden, also genau 76,2 cm. Der Wert d beschreibt jeweils den Abstand des Punktes, an dem die Bälle auf den Boden prallen, zu der Kante des Tisches. Er ist veränderlich und somit auf dem Bild nicht als fester Wert eingetragen, weil die Bälle je nach Rotationseinstellung eine unterschiedlich lange Flugstrecke haben.

2.2 Beschreibung der Auswertung mittels der Videoanalyse–Software

Die Software „Coach6 MV" hat auf mich einen sehr positiven Eindruck gemacht. Die Bedienung war insgesamt recht einfach, obwohl die Software viele ausführliche Funktionen zur Videoanalyse bietet.

Zuerst muss das Video eingefügt werden. Anschließend werden die grundlegenden Daten für die spätere Auswertung festgelegt, so z. B. die Anzahl der Einzelbilder. Außerdem kann man die Perspektive des Videos korrigieren. Dies ist sehr hilfreich, aber trotzdem nicht ausreichend, worauf ich unter Punkt 2.4 genauer eingehen werde.

Anschließend fängt man mit der eigentlichen Auswertung an. Man kann aus dem Video über die Funktion „als Diagramm anzeigen" Diagramme erstellen. Im nächsten Fenster werden die Art der Diagramme, die Daten und deren Einheiten usw. eingestellt. In der erweiterten Auswertung mit z. B. neuen Graphen gibt man die gewünschten Größen und deren Einheiten einfach in das Fenster ein, und kann über einen Formeleditor die nötigen Berechnungen angeben. Die Zeit wird durch eine Funktion „Stoppuhr" dargestellt. Außerdem gibt es Funktionen wie „unsichtbar", durch die ein Graph unsichtbar gemacht wird. Diese Funktion habe ich sehr häufig benutzt, um die Diagramme übersichtlicher zu gestalten und auf überflüssige Daten zu verzichten. Des Weiteren kann man den erhaltenen Graphen glätten, worauf ich zu gegebenem Zeitpunkt noch weiter eingehen werde. Solche Funktionen erleichtern das Auswerten deutlich und optimieren die Ergebnisse. Aus den fertigen Diagrammen kann man nur sehr ungenau Werte ablesen. Aus diesem Grund habe ich eine Funktion genutzt, über die die Werte der Graphen in Tabellen dargestellt werden. Diese Tabellen habe ich zur Beschreibung der Ergebnisse genutzt.

Alle erstellten Diagramme und dazugehörigen Tabellen liegen im Anhang bei.

2.3 Ergebnisse / Diagramme

Ich habe mittels der Videoanalyse-Software zu den drei oben genannten verschiedenen Rotationsarten jeweils drei Graphen erstellt. Diese werde ich jetzt gegenüberstellen.

Die ersten drei Diagramme beschreiben einmal die „Strecke pro Zeit" des Balles (in blau eingezeichnet) sowie die Höhe des Balles (in grün eingezeichnet) zu den bestimmten Zeitpunkten. Die Zeitachse stellt die Zeit in Sekunden dar. Dieses ist eine auswählbare Funktion der Software. Die y-Achse stellt die zurückgelegte Strecke bzw. die Höhe des Balles in Meter dar. Die Software bietet die Funktion, die ermittelten Graphen in tabellarischer Form darzustellen, sodass ich die genauen Werte miteinander vergleichen werde. Sie aus dem Diagramm abzulesen ist nicht exakt möglich, da dafür die Skalierung zu niedrig ist. Die Graphen und dazugehörigen Tabellen liegen im Anhang bei. Außerdem ist zu beachten, dass es sich bei den Graphen um geglättete Graphen handelt und die Werte aus diesen geglätteten Graphen entnommen werden, nicht aus dem jeweiligen ursprünglichen exakten Graphen.

Der Ball mit der „Rotationsrichtung 1" fliegt ca. 2,8 Meter weit, bis er das erste Mal auf dem Boden aufkommt. Dies geschieht, nachdem er etwa 1,05 Sekunden geflogen ist. Den höchsten Punkt der Flugkurve mit 1,19 Metern über dem Boden erreicht er nach 0,24 Sekunden, also noch vor dem Aufkommen auf dem Tisch. Er prallt nach 0,44 Sekunden auf den Tisch auf. Anschließend steigt er noch mal auf eine Höhe von 1,13 Metern, sinkt dann aber, bis er auf dem Boden aufkommt.

Der Ball mit der „Rotationsrichtung 2" erreicht den höchsten Punkt der Flugkurve ebenfalls nach 0,24 Sekunden, ist dort aber bereits ca. 1,4 Meter hoch. Auf den Tisch prallt er nach etwa 0,48 Sekunden und steigt anschließend noch mal auf eine Höhe von ca. 1,35 Meter. Anschließend fällt er immer weiter runter, bis er nach ca. 1,14 Sekunden und einer zurückgelegten Strecke von etwa 4,5 Metern auf dem Boden aufkommt.

Der Ball mit der „Rotationsrichtung 3" fliegt bis zum Kontakt mit dem Boden ähnlich weit, nämlich insgesamt ca. 4,45 Meter. Dies geschieht ebenfalls nach ca. 1,14 Sekunden. Den höchsten Punkt der Flugbahn mit ca. 1,26 Metern erreicht er nach etwa 0,3 Sekunden. Er prallt nach ca. 0,53 Sekunden auf dem Tisch auf und steigt anschließen noch mal auf eine Höhe von etwa 1,24 Meter bei 0,7 Sekunden.

Die nächsten Diagramme beschreiben die Geschwindigkeit v bei den dazugehörigen Werten der Höhe des Balles. Der grüne Graph ist jeweils derselbe wie in den vorherigen Diagrammen, er beschreibt also erneut die Höhe des Balles in Meter bei der entsprechenden Zeit t in Sekunden. Der rote Graph beschreibt die dazugehörigen Geschwindigkeiten v in m/s. Diese sind ziemlich ungenau, da erneut der geglättete Graph abgebildet ist und die Werte schon aus dem geglätteten Graphen „P1X" stammen. Dieser ist durch die Funktion „unsichtbar" im Diagramm nicht zu sehen.

Der Ball mit „Rotationsrichtung 1" erreicht die höchste Geschwindigkeit ungefähr am höchsten Punkt der Flugkurve. Sie liegt nämlich nach 0,28 Sekunden bei 4,06 m/s. Ab diesem Punkt sinkt die Geschwindigkeit bis zu etwa dem Zeitpunkt, in dem der Ball am höchsten nach dem Aufkommen auf dem Tisch ist. Ab diesem Zeitpunkt steigt sie vorläufig wieder bis zu einem Wert von knapp über 2,87 m/s bei etwa 0,82 Sekunden. Danach sinkt sie wieder bis zu einem Wert von etwa 1,7 m/s, wenn der Ball auf dem Boden aufprallt.

Die Geschwindigkeit des Balles mit „Rotationsrichtung 2" hat ebenfalls mit einem Wert von etwa 5,26 m/s den höchsten Wert beim Höhepunkt der Flugkurve, also nach 0,24 Sekunden. Danach sinkt sie ebenfalls wieder, bis sie nach ca. 0,84 Sekunden wieder steigt und bei etwa 0,92 Sekunden noch mal einen Wert von knapp 3 m/s erlangt. Danach sinkt sie wieder und hat einen Wert von ca. 1,8 m/s, wenn der Ball auf dem Boden aufspringt.

Das Geschwindigkeitsdiagramm der Flugkurve des Balles mit der „Rotationsrichtung 3" weist ebenfalls das gleiche Schema auf und hat mit ca. 5,46 m/s den höchsten Wert bei 0,28 Sekunden. Anschließend sinkt die Geschwindigkeit wie schon bei den anderen beiden Flugkurven und erreicht den vorläufigen Tiefpunkt mit 3,25 m/s nach 0,84 Sekunden. Dann steigt sie wieder auf knapp 4 m/s beim Zeitpunkt 0,92 Sekunden, und hat beim Aufprallen des Balles auf dem Boden nur noch einen Wert von ca. 1,8 m/s.

Die letzten Diagramme sind Beschleunigungsdiagramme der jeweiligen Flugkurve. Die Zeitachse wurde wieder durch die Funktion „Stoppuhr" eingestellt, die Beschleunigung ist mittels der Ableitung des geglätteten Geschwindigkeitsgraphen errechnet worden und in m/s^2 dargestellt.

Man sieht im ersten Diagramm, dass die Beschleunigung des Balles immer weiter abnimmt und nach ca. 0,27 Sekunden sogar negativ wird, d. h. dass der Ball gebremst wird. Die Beschleunigung wird immer geringer, bis der Ball nach 0,44 Sekunden mit knapp 8 m/s^2 am stärksten gebremst wird. Danach nimmt die Beschleunigung wieder zu, bleibt zunächst aber weiterhin negativ. Erst nach ca. 0,7 Sekunden wird der Ball wieder beschleunigt. Dann wird er wieder schneller, bis die Beschleunigung nach 0,76 Sekunden einen Wert von knapp 1,1 m/s^2 hat. Dann sinkt sie wieder bis zu dem Zeitpunkt 0,92 Sekunden. Dort erfährt der Ball eine negative Beschleunigung von ca. 6,7 m/s^2, die anschließend aber wieder bis zu einem Wert von -2,5 m/s^2 ansteigt. Dann sinkt sie jedoch wieder, so dass der Ball beim Aufprallen auf dem Boden nach etwa 1,05 Sekunden mit ca. 2,8 m/s^2 gebremst wird.

Das Beschleunigungsdiagramm der Flugkurve mit der „Rotationsrichtung 2" weist einen ähnlichen Verlauf auf, stellt jedoch einen Abfall der Beschleunigung dar, den das erste Diagramm nicht aufweist. Bis zu diesem Zeitpunkt ist der Verlauf ähnlich, sodass die Beschleunigung bis zum Zeitpunkt 0,46 Sekunden auf einen Wert, der noch geringer als -9,04 m/s^2 ist, abnimmt. Zwischendurch wechselt sie nach ungefähr 0,25 Sekunden ins Negative. Nach den 0,46 Sekunden wird die Beschleunigung wieder größer, bleibt bei ca. 0,68 Sekunden mit etwa -2,3 m/s^2 aber weiterhin negativ. Anschließend sinkt die Beschleunigung wieder auf knapp -4,1 m/s^2, sodass der Ball weiterhin gebremst wird. Erst ab diesem Zeitpunkt von 0,76 Sekunden steigt die Beschleunigung wieder wie im vorherigen Diagramm. Nach ca. 0,83 Sekunden wechselt die Beschleunigung ihr Vorzeichen und erreicht nach 0,88 Sekunden mit einem Wert von 3,21 m/s^2 ein lokales Maximum. Danach nimmt die Beschleunigung wieder ab, und hat einen Wert von ca. -2,9 m/s^2, wenn der Ball nach 1,14 Sekunden auf dem Boden aufkommt.

Das Beschleunigungsdiagramm der „Rotationsrichtung 3" hat wiederum einen ähnlichen Verlauf wie das der „Rotationsrichtung 2". Die

Beschleunigung des Balles sinkt bis etwas 0,52 Sekunden und erreicht dort einen Wert von ca. -8,8 m/s^2. Das Vorzeichen wechselt sie zwischendurch nach etwa 0,29 Sekunden. Nach den 0,52 Sekunden steigt die Beschleunigung auf einen Wert von nahezu 0 nach 0,68 Sekunden. Danach sinkt sie kurze Zeit wieder bis auf einen Wert von ca. -2,5 m/s^2 nach 0,76 Sekunden. Dann steigt sie wieder und wechselt nach ca. 0,84 Sekunden noch einmal das Vorzeichen, bis sie bei 0,88 Sekunden einen Wert von knapp 1,7 m/s^2 hat. Zu diesem Zeitpunkt erfährt der Ball also die größte positive Beschleunigung nach dem Aufprallen auf dem Tisch. Doch diese nimmt ruckartig wieder ab, und hat, wenn der Ball nach 1,14 Sekunden auf dem Boden aufkommt, nur noch einen Wert von ungefähr -5 m/s^2.

2.4 Vergleich der Diagramme und Tabellen

Vergleicht man die ersten drei Diagramme, also die Weg-, Zeit- und Höhen-diagramme kann man einige Parallelen, aber auch Unterschiede erkennen. Der Graph P1X steigt bei „Rotationsrichtung 2 und 3" ähnlich steil an, weil beide Bälle ähnlich weit fliegen. Da der Ball mit „Rotationsrichtung 1" aber nur knapp 3 Meter weit fliegt, steigt der dazugehörige Graph auch sichtlich schwächer an. Beim Betrachten des Graphen, der die Höhe des Balles angibt, fällt auf, dass bei allen drei Flugkurven der Höhepunkt erreicht wird, bevor der Ball auf dem Tisch aufspringt. Danach steigt die Höhe des Balles bei allen Flugkurven wieder, jedoch unterschiedlich steil. So ist der Anstieg bei „Rotationsrichtung 2" und „Rotationsrichtung 3" relativ ähnlich zueinander. Am flachsten steigt der Ball bei der „Rotationsrichtung 1" an. Nachdem dann alle Bälle wieder ein lokales Maximum erreicht haben, fallen sie auf den Boden und kommen nach jeweils knapp 1,1 Sekunden auf.

Beim Betrachten des Geschwindigkeitsdiagramms ist zu erkennen, dass alle drei Geschwindigkeitsgraphen einen ähnlichen Verlauf haben. Zuerst steigt die Geschwindigkeit und erreicht den größten Wert, kurz nachdem der Ball am höchsten war, dann sinkt sie wieder, bis der Ball den höchsten Punkt erreicht, nachdem er schon auf dem Tisch aufgesprungen war. Anschließend steigt die Geschwindigkeit bei allen drei Rotationsrichtungen wieder, bis sich der Ball mitten in der fallenden Phase befindet und sinkt ab diesem Moment wieder. Zu beachten ist, dass die Geschwindigkeit der „Rotationsrichtung 1" zu allen Zeiten geringer ist als die der „Rotationsrichtungen 2 und 3", die in etwa gleich ist. Dies fällt beim reinen Betrachten des Graphen nicht auf, doch die Skalierung der Höhenachse in Metern ist anders gewählt.

Die drei Beschleunigungsdiagramme weisen einen erkennbaren Unterschied auf, der in den Diagrammen im Anhang jeweils blau umkreist ist. Insgesamt gesehen hat die Beschleunigung der „Rotationsarten 2 und 3" zu jedem Zeitpunkt einen Wert von ungefähr 8 bzw. -8 m/s2. Die Beschleunigung des Balles mit „Rotationsrichtung 3" hat ebenfalls als untere Grenze einen Wert von knapp -8 m/s2, wird mit 20 m/s^2 jedoch deutlich schneller aus der Ballmaschine geschossen. Der Verlauf ist bei allen Graphen zu Beginn gleich, denn die Beschleunigung sinkt jeweils, bis der Ball auf dem Tisch aufprallt. Anschließend steigt sie wieder und hat bei allen drei Flugkurven einen „Knick", wenn der Ball den höchsten Punkt nach dem Aufkommen auf dem Tisch erreicht. An dieser Stelle unterscheiden sich die Graphen jedoch. Während bei „Rotationsrichtung 2 und 3" der Graph wieder sinkt und nach einem „Knick" wieder steigt, ist die Beschleunigung bei „Rotationsrichtung 1" für einen kurzen Moment gleichbleibend, steigt dann aber weiter. Anschließend verlaufen die Graphen wieder ähnlich. Sie wechseln während des Fallens noch einmal das Vorzeichen und der Ball wird für einen kurzen Moment beschleunigt, Dann sinkt die Geschwindigkeit bei allen drei Flugkurven aber wieder und der Ball wird sogar gebremst, bis er auf dem Boden aufkommt.

2.5. Messungenauigkeiten

Die zuvor angegebenen Werte und Diagramme im Anhang können teilweise auch unrealistisch sein und keinen logischen Zusammenhang bilden. Dieses liegt an den Messungenauigkeiten und anderen Gründen, die bei der Videoanalyse teilweise unumgänglich sind.

Die Messungenauigkeiten fangen schon bei der Aufnahme des Videos an. Dadurch, dass man nicht jeden Punkt der Ballflugkurve aus einem rechten Winkel zu dieser filmen kann, entsteht eine bestimmte Perspektive. Dadurch können schon die Längenangaben variieren. Die auf dem folgenden Bild rot eingezeichnete Strecke dient zwar zur Perspektivkorrektur, doch durch die Perspektive muss die Gerade sozusagen schief verlaufen, was bei der Software nicht exakt umsetzbar ist. Außerdem können die Koordinatenachsen nicht in jedem Diagramm gleich gewählt werden. Dies liegt daran, dass der Ball nicht immer auf der gleichen Höhe aufkommt (im Bild rot umkreist), sondern der mit „Rotationsrichtung 1" z. B. viel kürzer fliegt als der mit „Rotationsrichtung 3". Würde die x-Achse jeweils auf gleicher Höhe verlaufen, käme z. B. der Ball mit „Rotationsrichtung 1" nicht bei 0 Metern auf dem Boden auf, sondern bei einem höheren Wert.

Außerdem werden die Werte nur alle 0,04 Sekunden gemessen. Sucht man Werte dazwischen, kann man nur durch einen logischen Zusammenhang spekulieren oder ziemlich ungenaue Angaben machen, wie etwa im unteren Beispiel der Tabelle. Darin kann man nicht genau sehen, wann der Ball auf den Boden aufkommt. Dies wäre der Fall, wenn in der Spalte P1Y geglättet der Wert 0 stehen würde. Dass dieser nicht zu finden ist, liegt nicht nur an den Abständen von 0,04 Sekunden, sondern auch an dem zuvor beschriebenen Problem der Festlegung der y-Achse. Zudem erhält man die Daten, wenn man mit dem Cursor auf den momentanen Punkt des Balles klickt. Durch die relativ geringe Anzahl von Einzelbildern, die zuvor festgelegt werden, kann es vorkommen, dass kein Einzelbild das Aufspringen des Balles auf dem Boden festhält, sondern, wie in diesem Fall, die Werte eines Bildes vorher und eines hinterher gemessen werden, so dass die zwei aufeinanderfolgenden Werte ungefähr gleich groß sind.

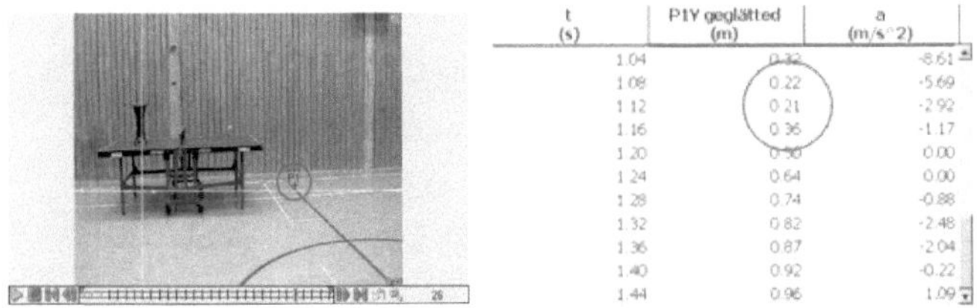

t (s)	P1Y geglättet (m)	a (m/s^2)
1.04	0.32	-8.61
1.08	0.22	-5.69
1.12	0.21	-2.92
1.16	0.36	-1.17
1.20	0.50	0.00
1.24	0.64	0.00
1.28	0.74	-0.88
1.32	0.82	-2.48
1.36	0.87	-2.04
1.40	0.92	-0.22
1.44	0.96	1.09

Außerdem handelt es sich bei den Graphen in den Diagrammen jeweils um „geglättete Graphen", da eine Darstellung von Graphen, die auf exakten Werten beruhen, deutlich unübersichtlicher geworden wäre. Deswegen kann es sein, dass manche zuvor angegebenen Werte nicht mit den Graphen übereinstimmen, da ich diese aus den Tabellen entnommen habe. Tabellen lassen sich über eine Funktion der Software aus jedem beliebigen Diagramm erstellen.

3. Theoretische Betrachtung der Ballflugkurve

Vergleicht man die drei Flugkurven im ersten Abschnitt, d. h. bis sie auf den Tisch aufspringen, kann man zusammenfassend sagen: Je stärker die Rotation des Balles in Flugrichtung ist, desto gekrümmter ist seine Flugbahn. Dementsprechend ist die Flugkurve des Balles mit „Rotationsrichtung 3" stärker gekrümmt als die des Balles mit „Rotationsrichtung 2". Die geradlinigste Flugkurve ist die des Balles mit „Rotationsrichtung 1", also entgegen gesetzter Rotation zur Flugrichtung. Dies lässt sich mit dem sogenannten „Magnus-Effekt" erklären. Allgemein beschreibt der Magnus-Effekt eine Ablenkung eines rotierenden Zylinders (dies kann z. B. auch ein Ball sein) während seiner Flugkurve durch Druckunterschiede zwischen zwei Seiten des Objekts.

Als Grundlage des Magnus-Effektes betrachte ich zuvor die Veränderung der Flugkurve des Balles durch Luftwiderstand und andere Faktoren. Dabei werde ich die Rotation zunächst nicht mit berücksichtigen.

Generell ist die Luftreibung zu jedem Punkt während einer Flugkurve in die entgegen gesetzte Richtung der Flugrichtung gerichtet. Die Ursache des Luftwiderstandes sind Luftwirbel. Diese entstehen, wenn in unserem Fall der Ball während des Fluges von Luft umströmt wird. Dabei strömt die Luft entgegengesetzt zur Flugrichtung des Balles um diesen herum und löst sich nach der Hälfte der Oberfläche ab, was die genaue Ursache der Luftwirbelentstehung ist. Die Ablösung von der Oberfläche geschieht aufgrund der Viskosität der Luft. Dies bedeutet, dass die Luft aufgrund innerer Reibung das Fließen bzw. Strömen verlangsamt, sie besitzt nämlich eine Art Zähigkeit, wie jede reale Flüssigkeit, wozu die Luft zählt. Dieser gesamte Vorgang der Luftwirbelentstehung läuft in einer sogenannten Grenzschicht ab. Dieses ist eine nur wenige Millimeter dicke Schicht um den fliegenden Ball herum. Dieses Bild zeigt den beschriebenen Vorgang:

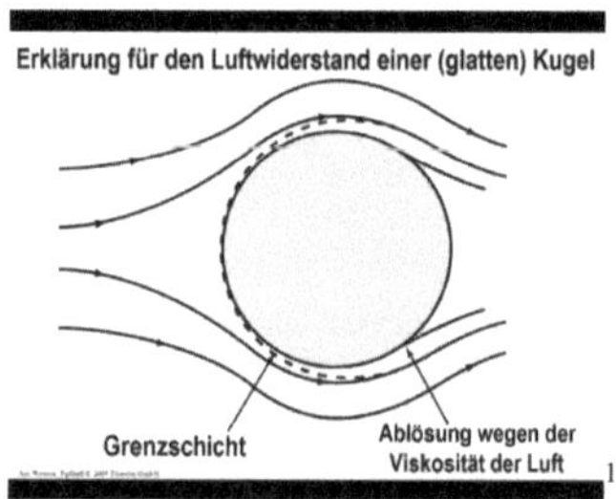

Doch warum genau wird der Ball gebremst? Das liegt an sogenannten „Wirbelschleppen". Dadurch, dass die einzelnen Luftwirbel in der Grenzschicht von der Oberfläche des Balles abgelöst werden, entstehen solche Wirbelschleppen. Sie sorgen dann dafür, dass dem Ball Energie entzogen wird und somit auch seine Bewegung verlangsamt wird.

Die Anzahl der entstehenden Wirbel hängt von der Geschwindigkeit des Balles ab. Je höher diese ist, desto schneller löst sich die Luft von der Oberfläche des Balls ab. In einem weiteren Versuch könnte man also feststellen, dass ein Ball mit „Rotationsrichtung 1", aber deutlich geringerer

---

[1] http://www.weltderphysik.de/de/6354.php?i=6409

Geschwindigkeit unabhängig von der kürzeren Flugweite auch eine andere Flugkurve aufweisen wird als ein Ball der ebenfalls mit „Rotations- richtung 1" geschossen wird, aber dabei deutlich schneller fliegt.

Nun wissen wir, dass der Ball durch den Luftwiderstand deutlich verlangsamt wird und dieser die Flugkurve somit auch maßgeblich beeinträchtigt. Es gibt aber noch die Erdanziehungskraft g, die den Ball Richtung Boden zieht. Sie ist im Gegensatz zum Luftwiderstand in jedem Punkt der Flugkurve senkrecht zum Boden gerichtet und hat den konstanten Wert 9,81 m/s^2. Da Tischtennis eine Sportart ist, die grundsätzlich nur in der Halle ausgeübt wird, kann man den Wind praktisch vernachlässigen. Dies ist auch der Grund für das Spielen an geschützten Orten. Der Wind würde nämlich aufgrund der geringen Masse der Tischtennisbälle zu zu großen Ablenkungen führen. Damit bleibt als letzter beeinflussender Parameter nur noch die Rotation, und wir sind wieder bei dem zuvor schon kurz angedeuteten Magnus-Effekt.

Er ist benannt nach seinem Entdecker, dem deutschen Physiker und Chemiker Heinrich Gustav Magnus (1802-1870). Der Magnus-Effekt ist immer dann zu beobachten, wenn sich eine Kugel zugleich um die eigene Achse dreht und sich durch ein Medium, wie im Falle dieser Ballflugkurve die Luft, bewegt.

Dass ein rotierender Körper durch Reibung die ihn umgebende Flüssigkeit, also bei der Ballflugkurve wieder die Luft, mitreißt, wurde zuvor schon geklärt. Dementsprechend ist es logisch, dass der Magnus-Effekt nur in realen Flüssigkeiten entsteht. In idealen Flüssigkeiten kann er nicht entstehen, weil ein Körper darin keine Reibung erfährt und somit auch die zuvor erwähnten Luftwirbel nicht entstehen. Fliegt ein Ball nun also durch die Luft, strömen die Luftteilchen an ihm vorbei und werden somit teilweise von ihrer ursprünglichen Strömungsbahn abgelenkt. Die größte Ablenkung erfahren dabei die Teilchen, die der Balloberfläche am nächsten sind, weil sie sozusagen den größten Umweg nehmen müssen. Da alle Teilchen nach dem Vorbeiströmen am Ball auf der gleichen Höhe sein müssen wie zuvor, muss sich deren Geschwindigkeit verändern, weil sie einen unterschiedlich langen Weg zurücklegen müssen. Dementsprechend müssen die Teilchen, die sich am nächsten zum Körper befinden, auch am schnellsten strömen, weil sie den längsten Weg haben. Die Geschwindigkeit der Teilchen ist also am höchsten, wenn sie am weitesten von ihrem ursprünglichen Weg abgelenkt sind. Nun wird die Strömungsgeschwindigkeit der Teilchen noch durch die Rotation des Körpers beeinflusst. An der Seite des Körpers, an der sich die vorbeiströmenden Teilchen in die gleiche Richtung bewegen wie die Oberflächenrotation des Körpers, wird ihre Geschwindigkeit erhöht. Auf der gegenüberliegenden Seite, also der, an der sich die Teilchen in die entgegengesetzte Richtung zur Oberflächenrotation des Körpers bewegen, wird deren Geschwindigkeit verlangsamt. An dieser Seite entsteht durch die negative Beeinflussung der Strömungsgeschwindigkeit der Teilchen ein höherer Druck. Auf der gegenüberliegenden Seite, an der die Strömungsgeschwindigkeit der Teilchen somit positiv beeinflusst wird, entsteht ein geringerer Druck.

Das liefert die Erklärung für die Beobachtungen zum jeweiligen Flugverhalten der drei Rotationsarten. Dreht sich der Ball in die entgegengesetzte Richtung zu der des Fluges, entsteht sozusagen ein Sog, der den Ball praktisch nach oben zieht. Dadurch kommt die fast schon geradlinig verlaufende Flugkurve zu Stande, weil der Ball lange in der Luft gehalten wird. Kehrt man die Rotation um, also so wie bei „Rotationsrichtung 2 und 3" meiner Versuchsflugkurven, entsteht eine Ablenkung des Balles senkrecht nach unten. Dadurch erhalten diese beiden Bälle die gekrümmte Flugbahn, weil sie sozusagen nach unten gedrückt werden. Dieses Phänomen ist bei „Rotationsrichtung 3", also stärkerer Rotation, noch deutlicher zu beobachten.

Alle erstellten Graphiken und Tabellen liegen im Anhang bei. Die Tabellen lassen sich nicht in einem Bild aus der Bearbeitungsoberfläche der Software herauskopieren, sondern sind aus jeweils drei Einzelbildern zusammengefügt.

4. Fazit

Ich fand das Thema sehr interessant und habe bei der Bearbeitung sehr viele Parallelen zum Alltag entdeckt. Der Magnus-Effekt ist sehr häufig die Ursache für auftretende Phänomene, so z. B. beim Abheben eines Flugzeuges durch den entstehenden Sog nach oben. Außerdem hat es mir Spaß gemacht, auch einmal die Theorie einer populären Sportart physikalisch genau zu untersuchen.

Allerdings würde man auf aussagekräftigere, weil genauere Werte stoßen, wenn man die Videoanalyse mit einer professionellen Kameraführung durchführen würde. Diese könnte z. B. so aussehen, dass sich eine Kamera ortogonal zur Flugkurve mitbewegt. Die auf meine Art und Weise erworbenen Werte reichen zwar aus, um für verschiedene Rotationen die jeweilige charakteristische Flugkurve zu erhalten, aber nicht, um exakte Messungen durchzuführen. Des Weiteren könnte man diese Facharbeit erweitern, indem man die physikalischen Geschehnisse beim Aufspringen des Balles auf den Tisch untersucht.

Auch zur Software „Coach6 MV" kann ich viel Positives sagen. Meiner Meinung nach wird einem das Arbeiten an und Analysieren von Videosequenzen durch viele Funktionen erleichtert, andererseits bietet das Programm aber weiterhin ausführliche und vielfältige Möglichkeiten, um eine Videosequenz zu analysieren.

Quellenverzeichnis

Der Inhalt dieser Facharbeit stammt einzig und allein aus den unten angegebenen URLs sowie meinen eigenen Gedankengängen. Die URLs wurden allesamt das letzte Mal am 09.03.2011 aufgerufen. Sind zu Bildern keine Quellen angegeben, handelt es sich um von mir erstellte Screenshots aus den Videosequenzen oder der Software.

Software:

CMA Coach 6 Studio MV Student (Deutsch) aus dem Buch „Impulse Physik 11/12", „Niedersachsen/G8", Klett-Verlag – CD und Handbuch

Bildquellen:

Titelbild: http://iacss.org/~multi/test/typo3temp/pics/e3ea8886ff.jpg

Bild 1: http://www.weltderphysik.de/de/6354.php?i=6409

Textquellen:

Analyse von Datenvideos mit Coach6: http://imst.uni-klu.ac.at/imst-wiki/index.php/Analyse_von_Datenvideos_mit_Coach6

Flugbahn – die Rolle des Luftwiderstands:
http://www.weltderphysik.de/de/6378.php

Die "Coca-Cola-Formel" eines Fußballs:
http://www.weltderphysik.de/de/6354.php

Magnus-Effekt: http://www.weltderphysik.de/de/4422.php?i=4431

TECHNISCHE UNIVERSITÄT BERLIN, Institut für Atomare und
Analytische Physik, Projektlabor, PG 268-II, 12.12.2000: Kapitel 2; Was
ist der Magnus-Effekt?
http://www.torabi.de/physik/projektlabor/bin/PL%20268%20Magnu
s-Effekt.pdf

Wie bekommt der Fußball einen Drall? Experiment zur Bananenflanke und
zum Magnus-Effekt:
http://experimentis.de/PhysikExperimente/Versuche/313MagnusEffekt.html

Der Magnus – Effekt, J. Peter Apel, Ersterscheinung 15.7.2003,
Stand 12.03.08: http://www.flugtheorie.de/18MAGNUS-EFFEKT.HTM

Sport an der FvS – Facharbeit Tischtennis – Physik, 4. Physik im Tischtennis:
http://www.fvss.de/assets/media/jahresarbeiten/sport/tt/04physik/physik.html

The Basic Physics and Mathematics of Table Tennis:
http://www.gregsttpages.com/gttp/index.php/General-Articles/the-basic-
physics-and-mathematics-of-table-tennis.html

Physik beim Tischtennis:
http://www.uni-protokolle.de/foren/viewt/244242,0.html

Videoquellen:
Analyse von Datenvideos mit Coach6, Demofilme: http://imst.uni-
klu.ac.at/imst-wiki/index.php/Analyse_von_Datenvideos_mit_Coach6

Anhang

Rotationsrichtung 1

Diagramm 1:

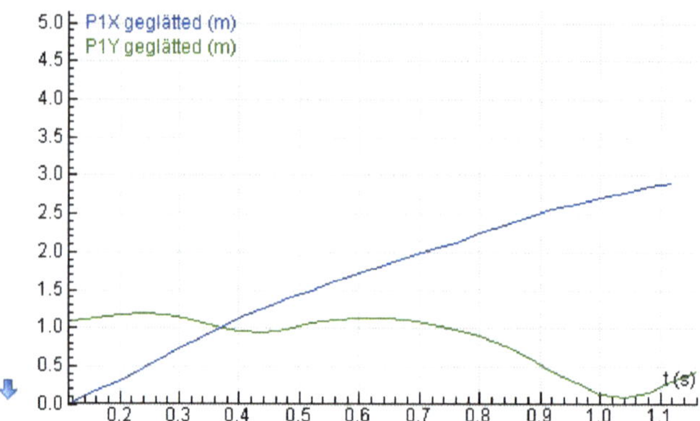

Tabelle 1:

	t (s)	P1X geglätted (m)	P1Y geglätted (m)
1	0.12	0.04	1.09
2	0.16	0.17	1.14
3	0.20	0.31	1.18
4	0.24	0.48	1.19
5	0.28	0.64	1.17
6	0.32	0.81	1.11
7	0.36	0.96	1.03
8	0.40	1.12	0.96
9	0.44	1.26	0.95
10	0.48	1.39	0.99
11	0.52	1.50	1.06
12	0.56	1.61	1.11
13	0.60	1.72	1.13
14	0.64	1.83	1.13
15	0.68	1.92	1.10
16	0.72	2.04	1.05
17	0.76	2.13	0.98
18	0.80	2.24	0.90
19	0.84	2.35	0.77
20	0.88	2.46	0.62
21	0.92	2.56	0.45
22	0.96	2.63	0.28
23	1.00	2.71	0.13
24	1.04	2.78	0.09
25	1.08	2.85	0.17
26	1.12	2.91	0.31
27	1.16	2.96	0.44

Diagramm 2:

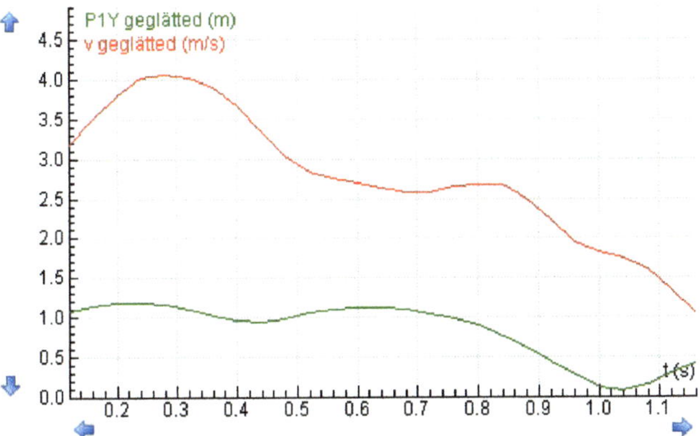

Tabelle 2:

t (s)	P1Y geglätted (m)	v geglätted (m/s)
0.12	1.09	3.15
0.16	1.14	3.49
0.20	1.18	3.80
0.24	1.19	4.01
0.28	1.17	4.06
0.32	1.11	4.00
0.36	1.03	3.89
0.40	0.96	3.67
0.44	0.95	3.34
0.48	0.99	3.02
0.52	1.06	2.82
0.56	1.11	2.76
0.60	1.13	2.69
0.64	1.13	2.62
0.68	1.10	2.58
0.72	1.05	2.58
0.76	0.98	2.65
0.80	0.90	2.67
0.84	0.77	2.67
0.88	0.62	2.49
0.92	0.45	2.22
0.96	0.28	1.96
1.00	0.13	1.82
1.04	0.09	1.76
1.08	0.17	1.60
1.12	0.31	1.36
1.16	0.44	1.06

Diagramm 3:

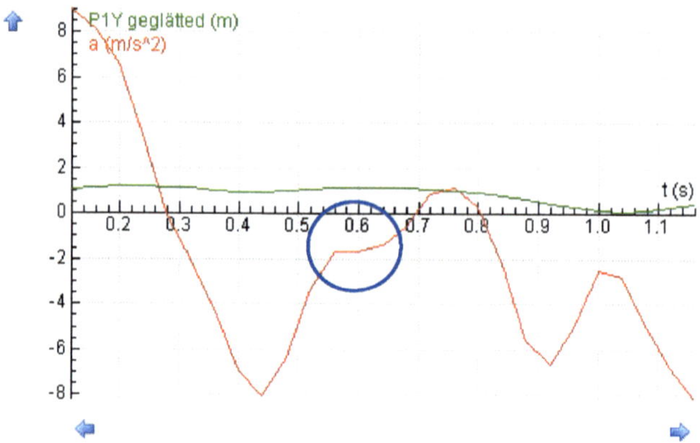

Tabelle 3:

t (s)	P1Y geglätted (m)	a (m/s^2)
0.12	1.09	9.00
0.16	1.14	8.10
0.20	1.18	6.53
0.24	1.19	3.27
0.28	1.17	-0.14
0.32	1.11	-2.09
0.36	1.03	-4.17
0.40	0.96	-6.95
0.44	0.95	-8.06
0.48	0.99	-6.39
0.52	1.06	-3.34
0.56	1.11	-1.67
0.60	1.13	-1.67
0.64	1.13	-1.39
0.68	1.10	-0.56
0.72	1.05	0.83
0.76	0.98	1.11
0.80	0.90	0.28
0.84	0.77	-2.22
0.88	0.62	-5.56
0.92	0.45	-6.67
0.96	0.28	-5.00
1.00	0.13	-2.50
1.04	0.09	-2.78
1.08	0.17	-5.00
1.12	0.31	-6.81
1.16	0.44	-8.20

Rotationsrichtung 2

Diagramm 1:

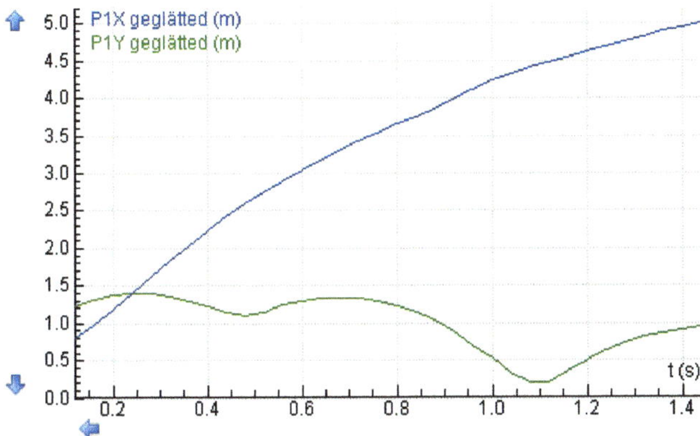

Tabelle 1:

	t (s)	P1X geglätted (m)	P1Y geglätted (m)
1	0.12	0.79	1.24
2	0.16	0.98	1.32
3	0.20	1.18	1.39
4	0.24	1.40	1.40
5	0.28	1.61	1.39
6	0.32	1.82	1.36
7	0.36	2.02	1.30
8	0.40	2.23	1.23
9	0.44	2.42	1.14
10	0.48	2.59	1.11
11	0.52	2.75	1.15
12	0.56	2.89	1.24
13	0.60	3.03	1.30
14	0.64	3.16	1.34
15	0.68	3.29	1.35
16	0.72	3.42	1.34
17	0.76	3.54	1.30
18	0.80	3.66	1.22
19	0.84	3.76	1.13
20	0.88	3.86	1.03
21	0.92	3.98	0.88
22	0.96	4.10	0.70
23	1.00	4.23	0.52
24	1.04	4.32	0.32
25	1.08	4.40	0.22
26	1.12	4.48	0.21
27	1.16	4.54	0.36
28	1.20	4.62	0.50
29	1.24	4.68	0.64
30	1.28	4.76	0.74
31	1.32	4.82	0.82
32	1.36	4.89	0.87
33	1.40	4.94	0.92
34	1.44	5.00	0.96

Diagramm 2:

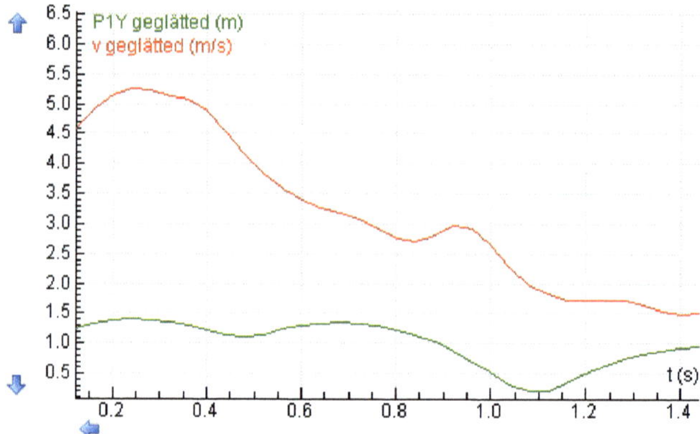

Tabelle 2:

t (s)	P1Y geglätted (m)	v geglätted (m/s)
0.12	1.24	4.58
0.16	1.32	4.90
0.20	1.39	5.15
0.24	1.40	5.26
0.28	1.39	5.22
0.32	1.36	5.13
0.36	1.30	5.06
0.40	1.23	4.88
0.44	1.14	4.55
0.48	1.11	4.15
0.52	1.15	3.83
0.56	1.24	3.57
0.60	1.30	3.38
0.64	1.34	3.27
0.68	1.35	3.17
0.72	1.34	3.08
0.76	1.30	2.92
0.80	1.22	2.75
0.84	1.13	2.72
0.88	1.03	2.81
0.92	0.88	2.98
0.96	0.70	2.93
1.00	0.52	2.65
1.04	0.32	2.28
1.08	0.22	1.96
1.12	0.21	1.82
1.16	0.36	1.73
1.20	0.50	1.73
1.24	0.64	1.73
1.28	0.74	1.73
1.32	0.82	1.66
1.36	0.87	1.53
1.40	0.92	1.49
1.44	0.96	1.51

Diagramm 3:

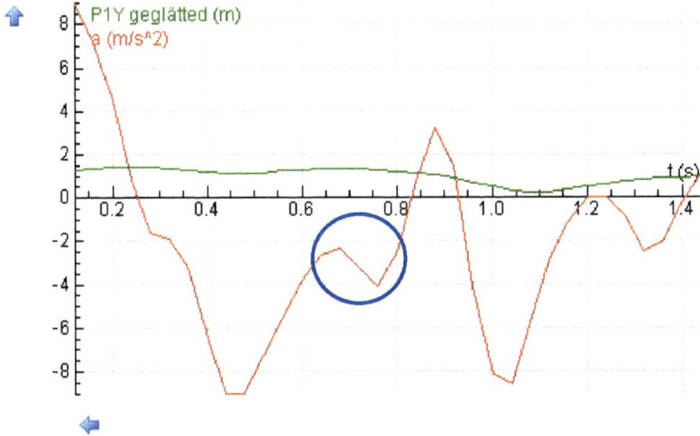

Tabelle 3:

t (s)	P1Y geglätted (m)	a (m/s^2)
0.12	1.24	9.01
0.16	1.32	7.18
0.20	1.39	4.52
0.24	1.40	0.80
0.28	1.39	-1.60
0.32	1.36	-1.90
0.36	1.30	-3.21
0.40	1.23	-6.42
0.44	1.14	-9.04
0.48	1.11	-9.04
0.52	1.15	-7.29
0.56	1.24	-5.54
0.60	1.30	-3.79
0.64	1.34	-2.63
0.68	1.35	-2.33
0.72	1.34	-3.21
0.76	1.30	-4.08
0.80	1.22	-2.48
0.84	1.13	0.73
0.88	1.03	3.21
0.92	0.88	1.46
0.96	0.70	-4.08
1.00	0.52	-8.17
1.04	0.32	-8.61
1.08	0.22	-5.69
1.12	0.21	-2.92
1.16	0.36	-1.17
1.20	0.50	0.00
1.24	0.64	0.00
1.28	0.74	-0.88
1.32	0.82	-2.48
1.36	0.87	-2.04
1.40	0.92	-0.22
1.44	0.96	1.09

Rotationsrichtung 3

Diagramm 1:

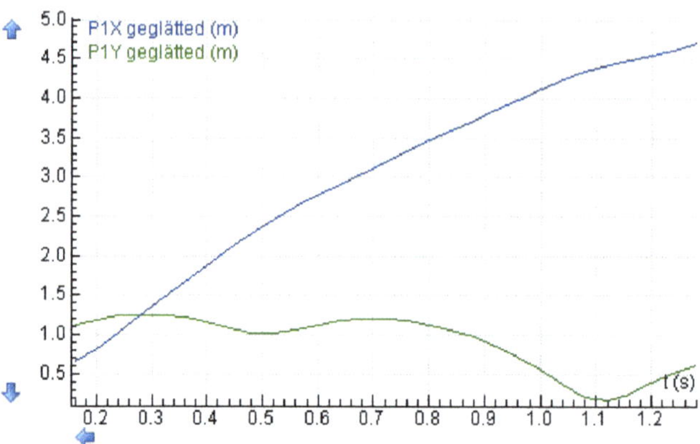

Tabelle 1:

	t (s)	P1X geglätted (m)	P1Y geglätted (m)
1	0.16	0.65	1.12
2	0.20	0.82	1.19
3	0.24	1.02	1.24
4	0.28	1.25	1.25
5	0.32	1.47	1.25
6	0.36	1.68	1.22
7	0.40	1.88	1.16
8	0.44	2.09	1.09
9	0.48	2.28	1.02
10	0.52	2.46	1.01
11	0.56	2.62	1.06
12	0.60	2.77	1.13
13	0.64	2.91	1.18
14	0.68	3.05	1.21
15	0.72	3.19	1.21
16	0.76	3.33	1.18
17	0.80	3.46	1.13
18	0.84	3.59	1.06
19	0.88	3.72	0.99
20	0.92	3.85	0.87
21	0.96	3.99	0.73
22	1.00	4.13	0.55
23	1.04	4.24	0.37
24	1.08	4.35	0.21
25	1.12	4.43	0.17
26	1.16	4.48	0.25
27	1.20	4.54	0.40
28	1.24	4.61	0.52
29	1.28	4.70	0.62

Diagramm 2:

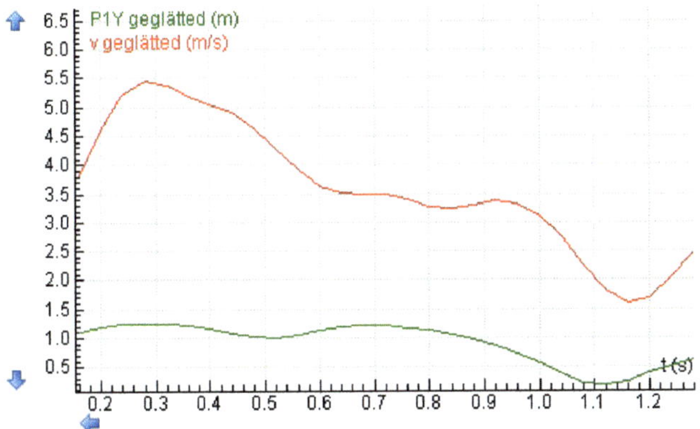

Tabelle 2:

t (s)	P1Y geglätted (m)	v geglätted (m/s)
0.16	1.12	3.81
0.20	1.19	4.60
0.24	1.24	5.21
0.28	1.25	5.46
0.32	1.25	5.36
0.36	1.22	5.19
0.40	1.16	5.06
0.44	1.09	4.90
0.48	1.02	4.62
0.52	1.01	4.28
0.56	1.06	3.92
0.60	1.13	3.62
0.64	1.18	3.51
0.68	1.21	3.49
0.72	1.21	3.49
0.76	1.18	3.39
0.80	1.13	3.28
0.84	1.06	3.25
0.88	0.99	3.29
0.92	0.87	3.38
0.96	0.73	3.34
1.00	0.55	3.11
1.04	0.37	2.75
1.08	0.21	2.26
1.12	0.17	1.82
1.16	0.25	1.59
1.20	0.40	1.70
1.24	0.52	2.05
1.28	0.62	2.48

Diagramm 3:

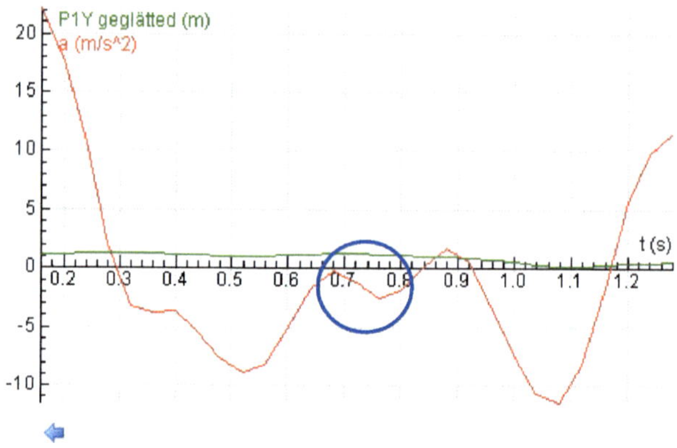

Tabelle 3:

t (s)	P1Y geglättet (m)	a (m/s^2)
0.16	1.12	22.18
0.20	1.19	17.55
0.24	1.24	10.68
0.28	1.25	1.92
0.32	1.25	-3.27
0.36	1.22	-3.84
0.40	1.16	-3.70
0.44	1.09	-5.41
0.48	1.02	-7.69
0.52	1.01	-8.83
0.56	1.06	-8.26
0.60	1.13	-5.13
0.64	1.18	-1.71
0.68	1.21	-0.28
0.72	1.21	-1.14
0.76	1.18	-2.56
0.80	1.13	-1.85
0.84	1.06	0.14
0.88	0.99	1.71
0.92	0.87	0.57
0.96	0.73	-3.42
1.00	0.55	-7.40
1.04	0.37	-10.68
1.08	0.21	-11.53
1.12	0.17	-8.26
1.16	0.25	-1.57
1.20	0.40	5.70
1.24	0.52	9.75
1.28	0.62	11.60